恐龙世界小百科

DINOSAUR

恐龙的朋友们

阳光三采　编著

[西] 弗朗西斯科·阿雷东多
何塞·玛丽亚·鲁达
莉迪亚·迪·布拉西
桑德拉·席尔瓦 / 绘图

青岛出版集团 | 青岛出版社

图书在版编目（CIP）数据

恐龙的朋友们 / 阳光三采编著 ; (西) 弗朗西斯科·
阿雷东多等绘 . —青岛 : 青岛出版社 , 2021.9
（恐龙世界小百科）
ISBN 978-7-5552-7191-8

Ⅰ.①恐… Ⅱ.①阳… ②弗… Ⅲ.①恐龙 – 儿童读
物 Ⅳ.① Q915.864-49

中国版本图书馆 CIP 数据核字 (2021) 第 161742 号

KONGLONG SHIJIE XIAO BAIKE · KONGLONG DE PENGYOUMEN

恐龙世界小百科·恐龙的朋友们

编　著	阳光三采	
绘　图	[西] 弗朗西斯科·阿雷东多　何塞·玛丽亚·鲁达	
	莉迪亚·迪·布拉西　桑德拉·席尔瓦	
责任编辑	江伟霞	
出版发行	青岛出版社	
本社网址	http://www.qdpub.com	
社　址	青岛市崂山区海尔路 182 号（266061）	
邮购电话	0532-68068091	
印　刷	深圳市福圣印刷有限公司	
出版日期	2021 年 9 月第 1 版　2024 年 7 月第 9 次印刷	
开　本	20 开（889mm×1194mm）	
印　张	2.4	
印　数	50001~55000	
字　数	51 千	
书　号	ISBN 978-7-5552-7191-8	
定　价	14.90 元	

目 录

盾齿龙
dùn chǐ lóng

▼当最早的恐龙准备在陆地上扩张时，海岸边和浅水里已经有盾齿龙的身影啦。

dùn chǐ lóng de hòu zhī cū duǎn qiáng zhuàng　mò duān yǒu pǔ　zài jiā shàng
盾齿龙的后肢粗短强壮，末端有蹼，再加上

cháng cháng de wěi ba　shǐ tā jì kě yǐ yóu yǒng yòu kě yǐ pá xíng　tā lì yòng
长长的尾巴，使它既可以游泳又可以爬行。它利用

qián duān tū chū de yá chǐ bǔ zhuō bèi lèi děng ruǎn tǐ dòng wù　zài yòng hòu bù de
前端凸出的牙齿捕捉贝类等软体动物，再用后部的

píng chǐ jǔ jué shí wù　měi měi de bǎo cān yí dùn
平齿咀嚼食物，美美地饱餐一顿。

奇特的背部
盾齿龙的背部长有大量的瘤状骨，这些瘤状骨同脊椎相连。

qiáng zhuàng
强壮

小档案

时代：	三叠纪
体长：	约2米
食性：	肉食
化石发现地：	欧洲

1

huàn lóng
幻龙

幻龙拥有流线型的身体、长尾巴和有蹼的后肢，比较适应海洋生活。它有点类似于今天的海豹和海狮，是由陆地动物演化而成的捕鱼者。幻龙会爬到沙滩上产卵，也喜欢在沙滩上享受"日光浴"。

小档案

时代：	三叠纪
体长：	1.2~4 米
食性：	肉食
化石发现地：	俄罗斯、中国

yǎn huà
演化

鼻孔会喷出水柱
幻龙上岸后，会从鼻孔中喷出水柱。

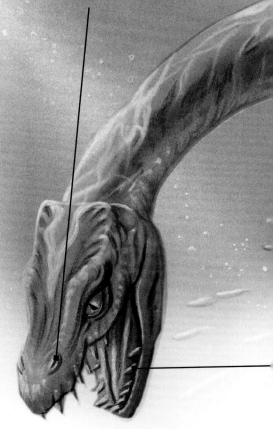

有蹼的四肢
幻龙的四肢上长有带蹼的趾，既便于在水中游泳，又便于在陆地上行走。

长而锋利的牙齿
幻龙拥有长而锋利的牙齿，可以抓住难以捕捉的鱼类。

3

依卡洛蜥

依卡洛蜥的名字来源于古希腊神话中一位渴望实现飞行的人物伊卡洛斯。尽管依卡洛蜥与长鳞蜥差不多处于同一时代，但它的飞行方式与长鳞蜥完全不同。长鳞蜥靠背上长长的鳞片来飞行，而依卡洛蜥靠肋骨支撑着的皮膜来飞行。这种皮膜非常坚固，可以让它在短距离内滑翔。

小档案

时代：	三叠纪晚期
体长：	约0.2米
食性：	肉食
化石发现地：	美国

4

较原始的头骨

依卡洛蜥的头骨还很
原始，保留有泪骨，
腭骨上长有牙齿。

波斯特鳄
bō sī tè è

波斯特鳄是当时的顶级掠食者。它的鼻孔很大，可能依靠嗅觉来搜寻猎物。它喜欢藏在隐蔽的地方，等猎物来到眼前时偷袭它们，就连早期的恐龙都难逃它的魔爪。

四肢

波斯特鳄的脚踝结构与鳄鱼相似，但它的柱形腿直立在身体下方，行动非常迅捷。

小档案

时代：	三叠纪晚期
体长：	约4.5米
食性：	肉食
化石发现地：	美国

6

▼波斯特鳄所属的巨大爬行类动物于三叠纪晚期灭绝，这为恐龙在侏罗纪的崛起扫清了道路。

匕首状的牙齿

波斯特鳄拥有弯曲且呈匕首状的牙齿，可以轻易地撕碎猎物。

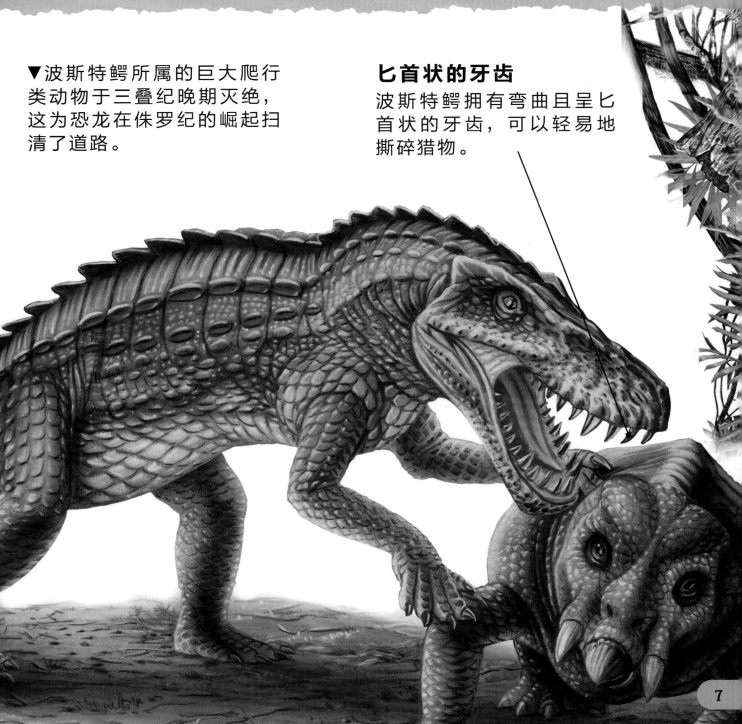

狂齿鳄

kuáng chǐ è

狂齿鳄生活在溪流和湖泊中，是食物链顶端的肉食性动物。它长着长长的嘴，满嘴尖利的牙齿。它常埋伏在水中，仅将鼻子和眼睛露出水面，伺机捕食靠近的动物。

骨质鳞甲

狂齿鳄的背部、身体两侧和尾巴上方都覆盖着骨质鳞甲，有良好的防护作用。

小档案

时代：	三叠纪晚期
体长：	3~12 米
食性：	肉食
化石发现地：	欧洲

dǐng duān

顶 端

▼ 狂齿鳄性情凶猛，食量很大，是一种十分活跃的掠食者。

鼻孔位置

狂齿鳄的鼻孔不是位于口鼻部的远端，而是非常靠近眼睛。

链鳄
liàn è

链鳄虽然是植食性动物，但是性情凶狠，甚至会驱赶早期的小型恐龙。猎食者一般也不会招惹它，因为它的背上长满了骨质甲片和尖锐的棘刺，令敌人无从下口。

口鼻

链鳄的口鼻呈铲状，这样的结构有点像现代的野猪，有利于拱起植物。

小档案	
时代：	三叠纪晚期
体长：	约5米
食性：	植食
化石发现地：	美国

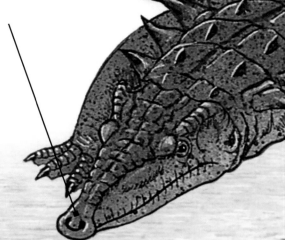

棘刺

链鳄的背部长着两排棘刺，而肩膀上的棘刺最为发达，长达 45 厘米。

suī rán
虽 然

无齿龙
wú chǐ lóng

关系
guān xì

无齿龙看起来就像一个大海龟，有宽宽的背甲和平平的头，但其实它和海龟没有什么亲缘关系。取食时，无齿龙用坚硬的角质喙来碾碎贝壳类动物。

牙齿

无齿龙几乎无齿，仅在嘴两侧各保留一齿，取而代之的是喙状嘴。

小档案

时代：	三叠纪晚期
体长：	约1米
食性：	肉食
化石发现地：	德国

▼如果你能亲眼看到无齿龙在水底爬行，你一定会认为它是一只海龟。它确实看起来很像海龟，生活习性也相似。

坚硬的壳
无齿龙的壳由大量紧密排列在一起的骨片组合而成，较为扁平。

异平齿龙
yì píng chǐ lóng

异平齿龙是一种笨重的植食性动物，身体短小，头部很大，尾巴较长。它的嘴巴前部有一个弯曲的喙，能够"掐断"植物。异平齿龙不是恐龙，它的天敌是鳄类。

笨重
bèn zhòng

有力的趾

异平齿龙的四肢末端有发达的趾，这或许可助它挖掘植物的根与块茎。

小档案

时代：	三叠纪晚期
体长：	约1.3米
食性：	植食
化石发现地：	亚洲、欧洲、南美洲、非洲

锋利的"园艺剪"
异平齿龙上下颌闭合时，就像一把锋利的合拢的园艺剪，可以有效地切割植物。

真双型齿翼龙

zhēn shuāng xíng chǐ yì lóng

三叠纪晚期，天空中出现了小型爬行类动物的身影，真双型齿翼龙就是其中之一。它的尾巴末端有个钻石形标状物，这是它的"方向盘"，能够掌控它飞行的方向。真双型齿翼龙经常在水面上捕鱼吃。

真正的双型齿

真双型齿翼龙的嘴里有两种不同形态的牙齿：前端尖牙用于抓鱼，后部平齿用于咀嚼。

有力的翅膀

它的翅膀由皮膜构成，非常有力。

小档案

时代：三叠纪晚期

体长：约1米

食性：肉食

化石发现地：意大利

zhǎng kòng

掌控

绒毛
身体和翅膀上都覆盖着绒
毛，有保暖作用。

▲真双型齿翼龙曾在早期恐龙的头顶上方充当空中霸主。

鱼龙
yú lóng

▶中生代的海洋里，最常见的是鱼龙类动物。最初的鱼龙类动物体形较大，如鲸一般，但到了侏罗纪时，就只有海豚那么大了。

从三叠纪到白垩纪的海洋中，一直都有鱼龙活跃的身影。鱼龙嘴里的针状齿是捕食软体动物的有力工具。鱼龙长得很像海豚，但它的听力并不出众，不会像海豚那样用回声定位系统来辨别物体。

小档案

时代：	三叠纪至白垩纪
体长：	长 1.8~23 米
食性：	肉食
化石发现地：	英国、比利时、德国、美国

大眼睛

鱼龙的眼睛很大，视力可能
非常好。

gōng　jù

工具

蛇颈龙

蛇颈龙脖子较长，不能灵活地摆动脖子。它主要捕食鱼类，但人们在其化石的胃部位置也发现过菊石类、箭石类等中生代海洋动物的残骸。

尾巴

蛇颈龙短短的椎状尾对游泳起不到什么作用。

小档案

时代：	侏罗纪早期至白垩纪末期
体长：	3~5 米
食性：	肉食
化石发现地：	英国、德国

▼蛇颈龙曾统治恐龙时代的海洋，但在白垩纪末期，它和恐龙一起灭绝了。

鳍状肢

蛇颈龙有 4 个鳍状肢，长着像海龟一样宽的身躯，也会像海龟一样通过划动鳍状肢来前行。

bǔ shí
捕食

双型齿翼龙
shuāng xíng chǐ yì lóng

双型齿翼龙头部较长，几乎占到身长的三分之一。它会猎杀小型脊椎动物，在接触猎物的瞬间以快速闭合双颌的方式来捕食。双型齿翼龙可能不善于行走，大部分时间都悬挂在树枝上或悬崖上。

接触
jiē chù

飞行稳定器
双型齿翼龙的尾巴有30多节尾椎，能帮助它稳定飞行。

小档案

时代：	侏罗纪早期
体长：	翼展 1.4 米
食性：	肉食
化石发现地：	英国、墨西哥

▼双型齿翼龙的化石由著名的化石采集家玛丽·安宁发现于英格兰，是出土最早的侏罗纪翼龙化石。

两种形态的牙齿

双型齿翼龙的颌骨前端有用于快速刺穿猎物的长牙，后端两颊有用于咀嚼的小型牙齿。

始祖鸟
shǐ zǔ niǎo

shǐ zǔ niǎo shì mù qián yǐ zhī zuì zǎo
始祖鸟是目前已知最早

de niǎo lèi   shǐ zǔ niǎo kě néng fēi de bìng bù
的鸟类。始祖鸟可能飞得并不

yuǎn   shèn zhì   kě néng huì xiān pá dào shù shàng
远，甚至可能会先爬到树上，

zài lì yòng chì bǎng duǎn jù lí huá xiáng dào kōng
再利用翅膀短距离滑翔到空

zhōng   yǐ xún zhǎo kūn chóng děng shí wù
中，以寻找昆虫等食物。

▶鸟类是由驰龙类恐龙演化而来的。

像鸟
始祖鸟像鸟一样，全身披着羽毛，有能飞的双翼。

小档案

时代：	侏罗纪晚期
体长：	约0.5米
食性：	肉食
化石发现地：	德国

shèn zhì
甚至

像恐龙

始祖鸟像恐龙
一样，长着牙
齿、爪和有骨
的尾巴。

dì lóng
地龙

dì lóng de huà shí gāng bèi fā xiàn shí
地龙的化石刚被发现时，

kē xué jiā rèn wéi tā shēng huó zài lù dì shàng
科学家认为它生活在陆地上，

suǒ yǐ gěi tā qǔ le zhè ge míng zi　yì wéi
所以给它取了这个名字，意为

lù dì shàng de pá xíng dòng wù　　hòu lái
"陆地上的爬行动物"。后来

kē xué jiā rèn wéi　dì lóng de dà bù fen shí
科学家认为，地龙的大部分时

jiān yīng gāi shì zài shuǐ lǐ dù guò de
间应该是在水里度过的。

特殊的腺体

地龙的嘴里可能长有
能去除饮水中盐分的
腺体。

小档案

时代：	侏罗纪晚期至白垩纪早期
体长：	长约 3 米
食性：	肉食
化石发现地：	欧洲、北美洲、中美洲

长而窄的吻部
和古鳄相比，地龙拥有更长、
更窄的吻部。

yīng　gāi
应该

准葛尔翼龙
（zhǔn gě ěr yì lóng）

准葛尔翼龙长长的头部上面长有头冠，翅膀大而结实，可以进行长途飞行。它喜欢吃鱼，也会将软体动物从石缝中衔出来后咬碎进食。

▶ 准葛尔翼龙发现于中国新疆准葛尔盆地西北乌尔禾地区。它的发现说明翼龙曾不仅生活在海边，也生活在湖边。

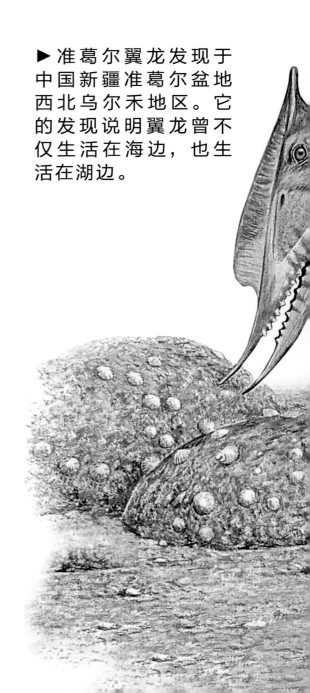

小档案

时代：	白垩纪早期
体长：	翼展约 3 米
食性：	肉食
化石发现地：	中国

小尾巴
准葛尔翼龙的尾巴比较短小。

细长的后肢
准葛尔翼龙的后肢细长，可以在有礁石的湖边寻找食物。

shí fèng
石 缝

薄片龙
báo piàn lóng

薄片龙的脖子很长很长，可能和它身体的其余部分一样长，这让它看起来非常古怪。科学家们一开始还以为它的脖子是尾巴，还把它的脑袋化石安在了尾巴尖上呢！可能因为脖子太长了，它的游泳速度并不快。

▶薄片龙是蛇颈龙的一种，是已知最长的海生爬行动物。

小档案

时代：	白垩纪晚期
体长：	约 15 米
食性：	肉食
化石发现地：	美国

鳍状肢

薄片龙有 4 个鳍状肢，像海龟一般，游泳速度并不快。

长长的脖子

在海底缓慢游动时，薄片龙可以将长长的脖子伸到海床上捕食。

yīn wèi

因 为

沧龙
cāng lóng

▶沧龙的体形在演化中逐渐变得庞大，性格愈发凶狠。

沧龙是中生代海洋中的顶级掠食者，它的主要食物是薄片龙、金厨鲨等。它的视力一般，嗅觉和听觉发达。它还会通过发出压力波确定目标的准确位置，然后快速捕获猎物。

小档案

时代： 白垩纪晚期

体长： 约15米

食性： 肉食

化石发现地： 美国、日本等地

què dìng

确 定

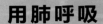

用肺呼吸

沧龙用肺呼吸，每隔一段时间就要游到水面上换气，每次换气后它可以在水中停留很长时间。

倒钩状的牙齿

沧龙的嘴里有很多锋利且呈倒钩状的牙齿，能将猎物紧紧咬住且随意拖拽。

33

恐鳄
kǒng è

恐鳄是白垩纪晚期的恐
kǒng è shì bái è jì wǎn qī de kǒng
怖杀手，很多大型动物都成
bù shā shǒu hěn duō dà xíng dòng wù dōu chéng
为它的盘中餐，就连恐龙也
wéi tā de pán zhōng cān jiù lián kǒng lóng yě
不例外！恐鳄的生活习性可
bú lì wài kǒng è de shēng huó xí xìng kě
能很像现代鳄鱼，主要生活
néng hěn xiàng xiàn dài è yú zhǔ yào shēng huó
在水边和沼泽地带。
zài shuǐ biān hé zhǎo zé dì dài

巨大的头部
恐鳄的头有 3 米长，嘴里长
满匕首一样的牙齿，好可怕！

小档案
时代：白垩纪晚期

体长：约 10 米

食性：肉食

化石发现地：美国、墨西哥

▼科学家曾在恐龙化石上发现明显的恐鳄咬痕，这说明恐鳄会潜伏在水边，伺机捕食与自身大小相当的恐龙。

鳞甲

恐鳄有一身坚硬的鳞甲，这是它的防御武器。

hěn duō

很 多

35

脊颌翼龙
jǐ hé yì lóng

脊颌翼龙的上下颌都长有脊状突起，喜欢栖息在海边的悬崖峭壁上。别看它体形庞大，但实际上活动起来十分轻巧灵活。它还长有锋利的牙齿，便于捕食鱼类。

巨大的双翼

脊颌翼龙借助巨大的双翼在空中滑翔，而不是像小鸟那样拍动翅膀。

小档案

时代：	白垩纪晚期
体长：	翼展约 8 米
食性：	肉食
化石发现地：	巴西、英格兰

脊状突起

脊颌翼龙下颌的脊状突起能在探进水中捕鱼时劈裂水面，以此减轻水压对身体的影响。

qī xī
栖 息

无齿翼龙

wú chǐ yì lóng

在恐龙头顶的天空中，盘旋着会飞的爬行动物——翼龙，无齿翼龙是其中体形较大的一种。科学家推测，无齿翼龙会像信天翁那样张开巨大的双翼滑翔，只偶尔拍动双翼。

小档案

时代：	白垩纪晚期
体长：	翼展 7~9 米
食性：	肉食
化石发现地：	北美洲

巨大的脊冠

无齿翼龙有着巨大的脊冠，可能用于展示及求偶。

无齿

无齿翼龙没有牙齿，这一点和现代鸟类相同。它有尖尖的喙部，一旦发现鱼类等猎物，便会用喙部将其紧紧咬住。

huá xiáng
滑 翔

风神翼龙
fēng shén yì lóng

风神翼龙是人类已知的最大的飞行动物，其翼展可横跨整个网球场，比一架小型飞机还要长。它可以远距离飞行，以搜寻鱼类、小型恐龙或恐龙幼崽等猎物，然后用巨大且无牙的双颌捕食。

小档案

时代：	白垩纪晚期
体长：	翼展 10~11 米
食性：	肉食
化石发现地：	北美洲

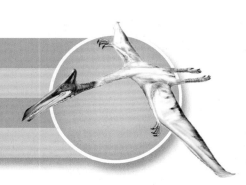

轻盈的骨骼
风神翼龙骨骼轻盈，所以体重很轻。

rén　lèi
人类

长长的嘴

风神翼龙的嘴巴又长又细，头上
有脊冠，可能像白鹤一样在沼泽
地生活。

▲翼龙类最早出现于三叠纪
晚期，在白垩纪末期与恐龙
一起灭绝。

41

夜翼龙
yè yì lóng

夜翼龙是风神翼龙之外又一种令人惊叹的翼龙。它头顶上有巨大的脊冠，这个脊冠与它的翅膀差不多长。从正面看过去，它的两只翅膀与脊冠一起形成三叉星形。

偏转翼

夜翼龙在天空翱翔时，会把身体偏转成一定角度，增加侧面阻力，以抵消风的侧向力。

小档案

时代：	白垩纪晚期
体长：	翼展约2米
食性：	肉食
化石发现地：	巴西、美国

巨大的脊冠
夜翼龙的骨质脊冠非常巨大，
甚至会成为逃生时的累赘。

▲ 2009 年，中国学者首次将古生物学与航空
学结合，用气动力学来研究夜翼龙的飞行能力。

zhèng miàn
正 面

盾齿龙

链鳄

幻龙

异平齿龙

脊颌翼龙

蛇颈龙

波斯特鳄

真双型齿翼龙

薄片龙

沧龙

始祖鸟

双型齿翼龙

风神翼龙

夜翼龙

鱼龙

准葛尔翼龙

无齿翼龙

狂齿鳄

地龙

恐鳄

依卡洛蜥

无齿龙